Julius Hildebrandt

Gravitationswellen. Von der Vision bis zum Nachweis

GRIN Verlag

Facharbeit Physik

Thema:

Gravitationswellen -

„Von der Vision bis zum Nachweis"

Julius Hildebrandt

Klasse: 11G1/11G2

22.01.- 26.01.2018

Inhalt

<u>**1. Einleitung**</u>

Vor 100 Jahren sagte der Physiker Albert Einstein die Existenz von sogenannten Gravitationswellen voraus. Am 14. September 2015 gelang es Forschern des amerikanischen Laserinterferometers in Louisiana diese unglaublich kleinen Krümmungen der Raumzeit zu messen. „Ladys and gentleman, we have detected gravitational waves", dies verkündete David Reitze, der Chef des Experiments, bei einer Pressekonferenz der National Science Foundation am 11. Februar 2016.

Doch was bedeutet dies für die Wissenschaft?!

Die Entdeckung dieses Phänomens und damit der Beweis von Einsteins Vorhersage eröffnet einen ganz neuen Forschungsbereich, die sogenannte Gravitationswellenastronomie.

„Existieren schwarze Löcher wirklich?", „Sind Neutronensterne schroff?" und „Wie schnell dehnt sich das Universum aus?". All das sind Fragen, auf die Wissenschaftler sich mithilfe der neuen Erkenntnisse eine endgültige Antwort erhoffen. Selbst die Entdeckung von „kosmischen Strings" und somit neue Sichtweisen auf die ´absurde´ Stringtheorie sind möglich. Doch der wohl größte Durchbruch, der mithilfe dieser neuen Erkenntnisse möglich wäre, ist die Entwicklung einer Quantengravitationstheorie – die Vereinigung von Quantenphysik und Relativitätstheorie.

Wir haben unsere Abhandlung in drei Themengebiete gegliedert: 1. Spezielle Relativitätstheorie, 2. Allgemeine Relativitätstheorie und 3. Gravitationswellen, aus denen wir zum Schluss ein Fazit ziehen werden. Jeder dieser Punkte ist wiederum gegliedert in logische Unterpunkte. Wir haben uns entschieden, unsere Arbeit so einzuteilen, weil wir der Meinung sind, dass ein gewisses Vorwissen, welches wir mit den ersten zwei Abschnitten vermitteln, zwingend notwendig ist. Am 25. November 1915 stellte Albert Einstein die Erweiterung zu seiner 1905 veröffentlichten speziellen Relativitätstheorie vor – die allgemeine Relativitätstheorie. Diese Theorien bilden die Grundlage der modernen Physik und waren das Fundament für Einsteins Vision von Gravitationswellen.

Doch was beinhalten diese beiden Theorien?

2. Die spezielle Relativitätstheorie

In der speziellen Relativitätstheorie beschreibt Einstein die Bewegung von Körpern und Feldern in Raum und Zeit. Dabei handelt es sich um eine Erweiterung des ursprünglich aus der Mechanik stammenden Relativitätsprinzips. Laut Einstein beschränkt sich die Relativi-

$$U_{92}^{235} + n_0^1 \rightarrow B_{56}^{143}a + K_{36}^{90}r + 3 \cdot \left(n_0^1\right) + \Delta E$$

tät nicht auf die Gesetze der Mechanik, sondern gilt für alle Gesetze der Physik.

Die wichtigste Erkenntnis, die aus dieser Theorie folgt, ist, dass sowohl Längen wie auch Zeit abhängig vom Bewegungszustand des Betrachters und nicht absolut sind.

Die drei ausschlaggebendsten Konsequenzen der speziellen Relativitätstheorie sind: **Äquivalenz von Masse und Energie**, **Konstanz der Lichtgeschwindigkeit** und die **Zeitdilatation**.

2.1 Äquivalenz von Masse und Energie

„Die Masse eines Körpers ist ein Maß für dessen Energiegehalt", dies formulierte Albert Einstein in seiner speziellen Relativitätstheorie. Er fand heraus, das Masse und Energie äquivalente Größen sind, daraus folgt die weltbekannte Formel $E=mc^2$.

Vor der Veröffentlichung durch Einstein sah man zwischen Masse und Energie keinerlei Verbindung, sie existierten also unabhängig voneinander.

Einsteins Erkenntnis ist die Grundlage für das Verständnis vieler physikalischer Prozesse, wie der Kernspaltung oder der Kernfusion. Aufgrund dieser relativistischen Betrachtungsweise beinhaltet der allgemeine Energieerhaltungssatz ebenfalls den Satz von der Erhaltung der Masse.

Die Äquivalenz von Masse und Energie lässt sich besonders gut am Beispiel der Kernspaltung veranschaulichen. Bei einer Kernspaltung zerfallen Atomkerne durch äußere Beeinflussung in Kerne leichterer Elemente. Aus der Spaltung von Uran-235 ergibt sich also folgende Gleichung:

Dargestellt wird die Spaltung von Uran-235 mithilfe eines Neutrons, woraufhin Barium, Krypton und drei Elektronen entstehen. Um die bei der Reaktion entstehende Energie zu berechnen, muss man erst die Massenbilanz der Kerne ausrechnen und sie dann in Einsteins Formel einsetzen.

vor der Spaltung:	**nach der Spaltung:**
U_{92}^{235}: $235{,}0439\,u$	$B_{56}^{143}a$: $142{,}9084u$
n_0^1: $1{,}00898u$	$K_{36}^{90}r$: $89{,}9043u$
	$3 \cdot \left(n_0^1\right)$: $3{,}0296u$
$236{,}0529u$	$235{,}8396u$

Daraus folgt ein Massendefekt, also die Differenz der Masse vor der Spaltung und nach der Spaltung von **Δm=0,21833u**.

$$E = \Delta m \cdot c^2$$

$$E = 0{,}21833 \cdot 1{,}661 \cdot 10^{-27}\,\text{kg} \cdot \left(2{,}99\,792 \cdot 10^8\,\tfrac{\text{m}}{\text{s}}\right)^2$$

$$E = 3{,}18 \cdot 10^{-11}\,\text{J}$$

$$E = 198\text{MeV}$$

Da wir jetzt Δm wissen, können wir nun die Energie berechnen:

Das bedeutet, bei der Spaltung von Uran-235 wird pro Kern eine Energie von ca. 200MeV freigesetzt.

2.2 Konstanz der Lichtgeschwindigkeit

Eine der wohl bekanntesten Aussagen Einsteins ist, das es im Universum nichts Schnelleres als das Licht gibt. Er behauptete als einer der ersten Physiker, dass die Geschwindigkeit des Lichts nicht vom Fortbewegungsmedium begrenzt, sondern absolut ist.

Normalerweise addieren oder subtrahieren sich Geschwindigkeiten in der Physik abhängig davon in welche Richtung die Bewegungen gerichtet sind. Beim Licht ist es nicht so. Es ist die einzig bekannte Bewegung im Universum, die unabhängig vom Inertialsystem ist.

Besonders für massebehaftete Teilchen stellt die Lichtgeschwindigkeit eine unüberwindbare Grenze dar, denn laut E=mc² würde der Energieaufwand, um ein Elementarteilchen mit Ruhemasse auf die Geschwindigkeit 299.792.458 m/s zu beschleunigen, gegen unendlich gehen.

2.3 Zeitdilatation

Einstein fand auch heraus, dass Zeit nicht, wie vorher angenommen, allgemein betrachtet werden kann, sondern je nach Inertialsystem eine individuelle Gültigkeit besitzt.

Einfach gesagt: „Bewegte Uhren gehen langsamer".

Befindet man sich in einem Zustand der gleichförmigen Bewegung, vergeht die Zeit für einen relativ zu der Bewegung ruhenden Beobachter langsamer.

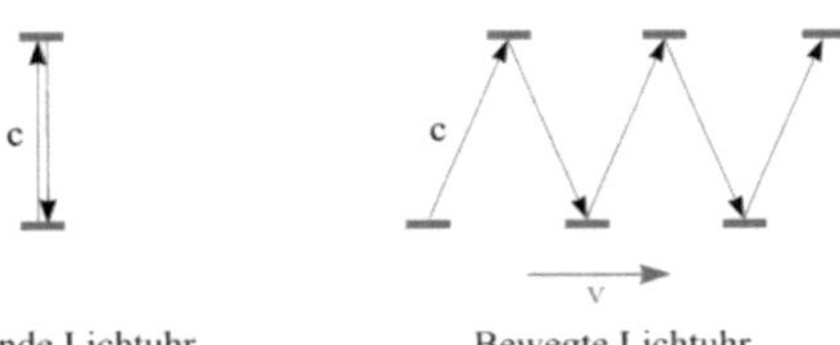

Ruhende Lichtuhr   Bewegte Lichtuhr

Um auszurechnen, wie viel Zeit im System des Beobachters, welcher relativ zum anderem System ruht, vergangen ist, benötigt man folgende Formel:

$$\Delta t = \frac{\Delta t'}{\sqrt{1-(\frac{v}{c})^2}}$$

Nehmen wir an, in einem hypothetischen Raumschiff, welches mit 200.000.000 m/s, also ca. $\frac{2}{3}$ der Lichtgeschwindigkeit, fliegt, vergehen 60 Sekunden.

Mithilfe der Formel kommt man auf das Ergebnis, dass in einem Beobachtersystem welches relativ zum Raumschiff ruht, ca. 81 Sekunden vergehen.

$$\Delta t = \frac{\Delta t'}{\sqrt{1-(\frac{v}{c})^2}} = \Delta t = \frac{60s}{\sqrt{1-(\frac{200000000 m/s}{299792485 \; m/s})^2}} \approx 80,53s$$

3. Allgemeine Relativitätstheorie

Basierend auf seiner speziellen Relativitätstheorie sowie den Newtonschen Gravitationsgesetzen stellte Albert Einstein am 25. November 1915 eine Theorie vor, welche seit ihrer Veröffentlichung die moderne Physik prägt – die allgemeine Relativitätstheorie.

Sie zählt heute, zusammen mit der Quantenphysik, als Grundpfeiler der modernen Physik.

Im Mittelpunkt dieser Theorie steht die Wechselwirkung zwischen Materie, Raum und Zeit.

Wie schon aus der speziellen Relativitätstheorie hervorging, sind Raum und Zeit nicht voneinander getrennt. Aus diesem Grund entwickelte Einstein die Vorstellung eines vierdimensionalen Raumes, in der Raum und Zeit einheitlich existieren – er bezeichnete diese Vorstellung als Raumzeit. Mithilfe der allgemeinen Relativitätstheorie konnten erstmals physikalische Ereignisse logisch beschrieben und erklärt werden.

3.1 Die Raumzeit

In unserem Alltag sind Raum und Zeit zwei voneinander unabhängige Gegebenheiten. Ein Grund dafür ist die sogenannte Kausalität. Sie beschreibt die Tatsache, dass jeder Wirkung eine Ursache vorausgehen muss. In der Newtonschen Physik, welche bis 1905 die Wissenschaft prägte, ging man davon aus, dass alle physikalischen Prozesse sich nach der Zeit richten, aber keinen Einfluss auf diese haben. Laut Albert Einstein sind Raum und Zeit jedoch als Einheit zu betrachten. Um diese Idee vorstellbar zu machen, entwickelte er die Raumzeit.

In unserer Welt gibt es drei Dimensionen: Höhe, Breite und Tiefe. Laut Einstein muss jedoch die Zeit als eine dieser Dimensionen betrachtet werden. Erweitert man das klassische dreidimensionale Koordinatensystem um die Zeit, erhält man das Raum-Zeit-Kontinuum. Da wir nicht in der Lage sind, uns ein vierdimensionales Koordinatensystem vorzustellen, müssen wir es auf drei Dimensionen projizieren. Daraus entsteht die bekannte Vorstellung der Raumzeit als eine Art Tuch, welches durch Gravitation eingedellt wird.

4. Gravitationswellen

Jedes Objekt, dass eine Masse besitz, dellt also die Raumzeit ein. Ändert sich der Bewegungszustand eines solchen Objekts und er ruht nicht mehr, sondern wird beschleunigt, werden jene Raum-Zeit-Dellen verformt. Diese Verformungen in der Raumzeit breiten sich wellenförmig aus. Gravitationswellen unterscheiden sich grundlegend von jeder bisher bekannten Welle. Sie können sich im Vakuum ausbreiten und benötigen somit, anders als Schallwellen, kein Trägermedium. Im Gegensatz zu elektromagnetischen Wellen sind sie in der Lage, sich ungehindert durch jegliche Materie zu bewegen. Nicht einmal Planeten, Sterne oder ganze Galaxien können ihre Ausbreitung stören.

4.1 Vorhersage durch Einstein

Entsprechend der Relativitätstheorie existiert im Universum eine maximale Geschwindigkeit für Informationsübermittlung. Diese Grenze ist mit ca. 300.000 km/s extrem hoch, aber dennoch begrenzt. In der Newtonschen Mechanik, welche vor der Relativitätstheorie das Nonplusultra für Gravitationsphysik war, existiert jedoch keine maximale Geschwindigkeit. Dies bedeutet, bewegt sich im Universum lokal eine Masse, ändert sich ihr Gravitationsfeld im gesamten Universum instantan, also ohne jegliche Zeitverzögerung.

Geht man jedoch von Einsteins Theorie aus und wiederholt das Gedankenexperiment mit den Eigenschaften welche in der Relativitätstheorie beschrieben werden, kommt man auf die Erkenntnis, dass sich auch die Information des sich ändernden Gravitationsfeldes mit einer endlichen Geschwindigkeit ausbreiten muss. Für solch eine Informationsübertragung kommt nur eine wellenförmige Fortbewegung in Frage.

Neben der Entwicklung einer Theorie lag, Einsteins große Leistung darin, jene Gravitationssignale aus seinen Feldgleichungen abzuleiten.

4.2 Der lange Weg zum Erfolg

Wie bereits erwähnt, dauerte es 100 Jahre bis Einsteins Idee endgültig bewiesen wurde.

Ein Grund dafür ist die Schwierigkeit des experimentellen Nachweises. Die erwartete Größenordnung, in der sich Gravitationswellen befinden, liegt bei 10^{-21}, das entspricht einem Verhältnis von 1:1.000.000.000.000.000.000.000. Das heißt, um solch ein Ereignis nachweisen zu können, muss bis auf einen trilliardstel Meter genau gemessen werden.

Als Veranschaulichung: Das bisher größte Laserinterferometer, das "Ligo Livingston" in Louisiana, besitzt zwei Arme mit je 4km Länge. Gravitationswellen hätten auf dieser Distanz einen Stauchungs-/Streckungseffekt von 1/1000 eines Protonendurchmessers.

Die ersten Versuche Gravitationswellen nachzuweisen, wurden in den 1960er Jahren von Joseph Weber durchgeführt. Sein Versuchsaufbau beruhte auf der Theorie, dass Gravitationswellen in sämtlichen Körpern Eigenschwingungen auslösen. Er bestückte einen mehrere Tonnen schweren Aluminiumzylinder mit Sensoren, um die im Zylinder ausgelösten Schwingungen zu messen. Seine Experimente führten jedoch zu keinem Beweis von Gravitationswellen.

Angefangen von Messfehlern und Irrtümern, bis hin zu fehlerhafter Interpretation von Daten, war auf dem Weg zum Nachweis der Gravitationswellen alles dabei. Doch nicht nur der experimentelle Beweis machte es enorm schwierig, die Existenz von Wellen in der Raumzeit nachzuweisen. Nur die wenigsten Wissenschaftler fanden Einsteins Theorie plausibel und unterstützten diese. Die Idee der Gravitationswellen hatte es also nicht leicht, einen festen Platz als anerkannte Theorie zu erhalten.

4.3 Quellen von Gravitationswellen

Quellen von Gravitationswellen kann man in vier Kategorien einteilen. Als starke Quellen werden intensive Ursprünge mit charakteristischer Form, wie beispielsweise kollabierende Doppelsternsysteme oder verschmelzende schwarze Löcher beschrieben. Solche Quellen besitzen nur eine kurze bis mittlere Lebensdauer und geben dementsprechend viel Energie in relativ kurzer Zeit ab. Gravitationswellen, welche aufgrund dieser Art von Quelle entstehen, besitzen genug Energie, um mithilfe von Laserinterferometern gemessen zu werden. Weitere Quellen, welche zu messbaren Verzerrungen in der Raumzeit führen sind kosmische Katastrophen. Das wohl bekannteste Beispiel für solch eine Katastrophe ist die Explosion eines Sternes – eine Supernova.

Von einer Sternenexplosion erwartet man kurze impulsartige Wellen. Da über diese Ereignisse jedoch erst vergleichsweise wenig Wissen existiert, ist es nicht möglich, die Signalform im Voraus zu berechnen.

Rotierende, ultrakompakte Objekte mit ungleichmäßiger Massenverteilung oder zwei sich kontinuierlich umkreisende Neutronensterne gehören zur Kategorie der langlebigen Systeme. Solche Quellen geben zwar Gravitationswellen ab, jedoch sind diese extrem schwach und deshalb nicht messbar. Zur letzten Kategorie, den sogenannten dauerhaften, stochastischen Quellen, gehören ruhende, extrem massereiche schwarze Löcher, welche bereits in der Anfangsphase des Universums entstanden sind. Schwarze Löcher besitzen aufgrund ihrer extremen Gravitation und damit verbundenen Verzerrung der Raumzeit die Eigenschaft auch ohne eine beschleunigte Bewegung Gravitationswellen auszusenden. Wissenschaftler vermuten auch die Existenz von primordialen, also ursprünglichen, Gravitationswellen welche durch den Urknall selbst ausgelöst wurden. Dies würden ebenfalls als dauerhafte, stochastische Quelle klassifiziert werden.

5. Nachweis von Gravitationswellen

Nachdem klar wurde, dass der Nachweis von Gravitationswellen nicht mit rein mechanischen Detektoren, wie beispielsweise jener von Joseph Weber, möglich ist, begannen Wissenschaftler weltweit über alternative Messverfahren nachzudenken. Man erkannte schnell, dass ein Interferometer, genauer ein sogenanntes Michelson-Interferometer, die wohl vielversprechendste Methode für einen Nachweis ist. Solche Apparaturen basieren auf dem Prinzip der Überlagerung von Wellen. Theoretisch kann man mit jeglicher Art von Wellen Interferenzen erzeugen und somit auch Effekte nachweisen, welche diese Wellen beeinflussen. Praktisch wird jedoch fast ausschließlich mit sichtbarem Licht, welches mithilfe von Lasern erzeugt wird, Interferometrie betrieben.

5.1 Interferenz

Wie bereits erwähnt, basiert der Nachweis von Gravitationswellen auf dem Interferenzverhalten von Wellen. Unter Interferenz versteht man in der Physik die Überlagerung von mindestens zwei Wellen nach dem Superpositionsprinzip. Die Superposition beschreibt eine Überlagerung gleicher physikalischer Größen, ohne eine gegenseitige Behinderung. Unterschieden wird zwischen zwei Formen, der destruktiven und der konstruktiven Interferenz. Überlagert sich das Wellental der einen mit dem Wellenberg der anderen, so löschen sie sich gegenseitig aus und man spricht von destruktiver Interferenz. Überlagern sich jedoch die Wellenberge oder Wellentäler, wird das Signal verstärkt und man spricht von konstruktiver Interferenz.

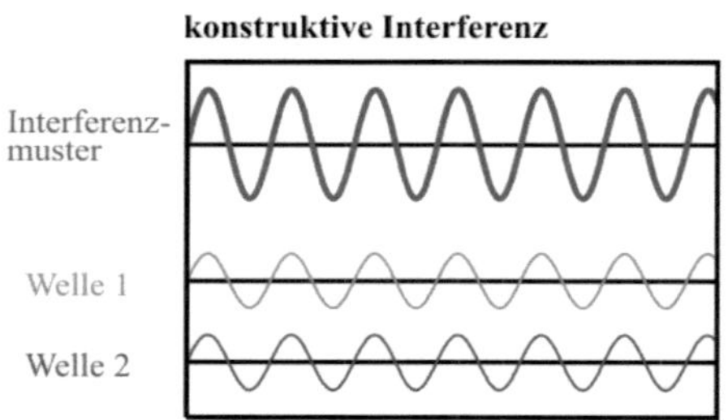

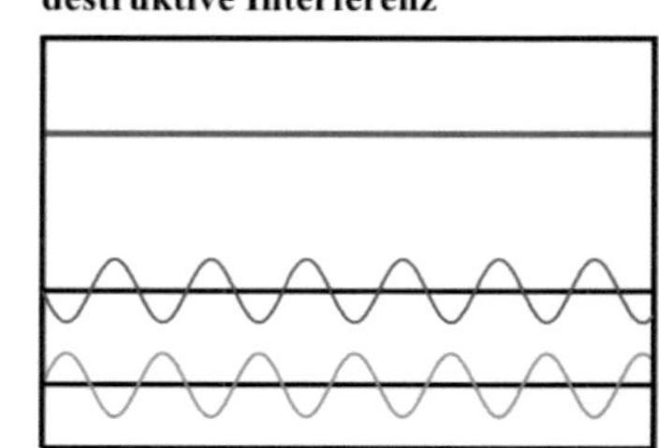

5.2 Laserinterferometer

Die Funktionsweise eines Michelson-Interferometers, wie beispielsweise des amerikanischen "Laser Interferometer Gravitational-Wave Observatory" (kurz LIGO), ist in der Theorie recht einfach.

Damit sich die Lichtstrahlen im gesamten System ungehindert ausbreiten können, herrscht in einem Laserinterferometer ein nahezu perfektes Vakuum.

Eine Lichtquelle strahlt Licht aus, welches auf einen Strahlenteiler trifft. Dieser lässt einen Teil des Lichts ungehindert durch, während er den anderen Teil um 90 Grad reflektiert. Diese beiden Strahlen durchlaufen dann unterschiedlich lange Strecken, bevor sie auf einen vollständig reflektierenden Spiegel treffen. Nach erneuter Reflektion des einen Strahls durch den Strahlenteiler, treffen sie gemeinsam auf einen optischen Sensor. Das Besondere an diesem Aufbau ist, dass die Strecken, welche die beiden Strahlen durchlaufen müssen, so angepasst werden, dass die Strahlen im Normalfall destruktiv interferieren und somit kein Lichtsignal auf dem Sensor hinterlassen. Steht das Interferometer jedoch kurzzeitig unter dem Einfluss einer Gravitationswelle, werden die beiden Strahlen unterschiedlich gestaucht bzw. gestreckt und die optische Weglänge verändert sich. Es kommt daraufhin zu keiner destruktiven Interferenz mehr. Das bedeutet, der Sensor kann ein Signal warnehmen und dieses aufzeichnen.

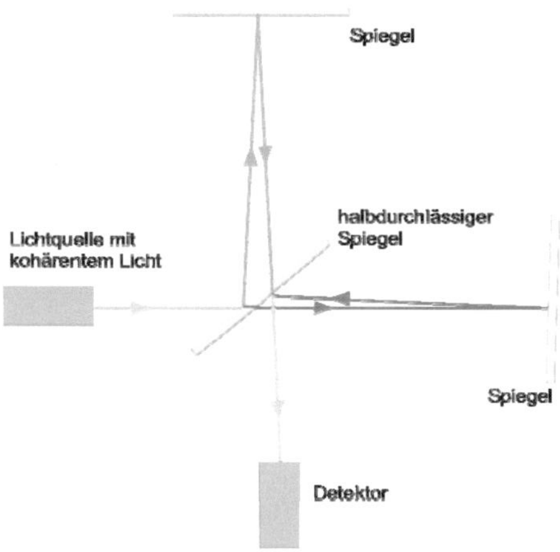

6. Fazit

Abschließend ist zu sagen, dass uns die Arbeit zum Thema Gravitationswellen viel gebracht hat. Neben neu erlangtem Wissen und besseren Verständnis für Einsteins Formeln und Theorien, haben wir ebenso eine ganz neue Sicht auf das Universum erlangt.

Wir fingen an, selber Schlüsse und Vergleiche zu ziehen, beispielsweise, dass es sich in Einsteins allgemeiner Relativitätstheorie im Gegensatz zur speziellen Relativitätstheorie um einen gekrümmten und keinen normalen Raum handelt, oder das sich die Rechnungen der speziellen Relativitätstheorie auf eine gleichförmige Bewegungen ohne Kräfte bezieht, wohingegen die allgemeine Relativitätstheorie auf die ungleichförmige Bewegung mit Kräften bezogen ist.

Der Nachweis von Gravitationswellen bedeutet in der Physik, wie auch in der Astronomie den Beginn einer neuen Ära.

Einsteins nun bewiesene 100 Jahre alte Theorie ist damit ein riesen Meilenstein in der Geschichte, sowie der Wissenschaft.

Physiker und Astronomen erhoffen sich nun viele weitere Erkenntnisse, die uns helfen das Universum schrittweise immer weiter zu entdecken und besser zu verstehen.

<u>Quellenverzeichnis</u>

1.

- Davide Castelvecchi, „6 Fragen die uns Gravitationswellen beantworten können", 25.1.18, 15:30, <u>Link zum Artikel</u>
- Dagny Lüdemann, Frank Grotelüschen, Max Rauner, „Die Gravitationswellen sind Nachgewiesen", 25.1.18, 16:00, <u>Link zum Artikel</u>

2.

- Der-kosmos-de, „Relativitätstheorie", 23.1.18, 14:00, <u>Link zum Artikel</u>
- Wikipedia.de, „Spezielle Relativitätstheorie", 23.1.18, 15:00, <u>Link zum Artikel</u>

2.1

- Der-kosmos-de, „Relativitätstheorie", 23.1.18, 14:30, <u>Link zum Artikel</u>
- Wikipedia, „Äquivalenz von Masse und Energie", 24.1.18, 12:00, <u>Link zum Artikel</u>
- Lernhelfer.de, „Äquivalenz von Masse und Energie", 24.1.18, 13:00, <u>Link zum Artikel</u>
- emc2-explained.info, „E=mc² Energie aus der Kernspaltung", 24.1.18, 13:30, <u>Link zum Artikel</u>

2.2

- Der-kosmos-de, „Relativitätstheorie", 25.1.18, 11:30, <u>Link zum Artikel</u>
- Wikipedia.de, „Lichtgeschwindigkeit", 25.1.18, 12:00, <u>Link zum Artikel</u>
- Wikipedia.de, „Spezielle Relativitätstheorie", 25.1.18, 15:00, <u>Link zum Artikel</u>

2.3

- Der-kosmos-de, „Relativitätstheorie", 26.1.18, 11:30, <u>Link zum Artikel</u>
- homepage.univie.ac.at, „Zeitdilatation", 26.1.18 15:00, <u>Link zum Artikel</u>
- Wikipedia.de, „Spezielle Relativitätstheorie", 26.1.18, 13:00, <u>Link zum Artikel</u>

3.

- Der-kosmos-de, „Relativitätstheorie", 26.1.18, 17:30, <u>Link zum Artikel</u>
- Der-kosmos-de, „Relativitätstheorie", 26.1.18, 15:30, <u>Link zum Artikel</u>
- Günter Spanner, „Das Geheimnis der Gravitationswellen", Kosmos, S.13-23

3.1

- Der-kosmos-de, „Relativitätstheorie", 24.1.18, 15:30, <u>Link zum Artikel</u>
- Wikipedia.de, „Raumzeit", 24.1.18, 16:00, <u>Link zum Artikel</u>
- Wikipedia.de, „Minowski-Raum", 24.1.18, 16:30, <u>Link zum Artikel</u>

4.

- Der-kosmos-de, „Relativitätstheorie", 25.1.18, 13:30, <u>Link zum Artikel</u>
- Wikipedia.de, „Gravitationswellen", 25.1.18, 14;00, <u>Link zum Artikel</u>
- Nora Kusche, „Wie entstehen Gravitationswellen?", 26.1.18, 17:00 <u>Link zum Artikel</u>
- Günter Spanner, „Das Geheimnis der Gravitationswellen", Kosmos, S.44-48

4.1

- Alexander Blum, Roberto Lalli, Jürgen Renn, „Hundert Jahre Gravitationswellen", 25.1.18, 14:30
- Dagny Lüdemann, Frank Grotelüschen, Max Rauner, „Die Gravitationswellen sind Nachgewiesen", 25.1.18, 16:00, <u>Link zum Artikel</u>

4.2

- Wikipedia.de, „Joseph Weber (Physiker)", 23.1.18, 16:00, <u>Link zum Artikel</u>
- Günter Spanner, „Das Geheimnis der Gravitationswellen", Kosmos, S.42/43, S.72-78

4.3

- Wikipedia.de, „Gravitationswellen", 26.1.18, 16:30, <u>Link zum Artikel</u>
- Günter Spanner, „Das Geheimnis der Gravitationswellen", Kosmos, S.66/67

5.

- Wikipedia.de, „Interferenz (Physik)", 28.1.18, 16:00, <u>Link zum Artikel</u>
- Günter Spanner, „Das Geheimnis der Gravitationswellen", Kosmos, S.83/84

5.1

- Univie.ac.at, „Interferenz", 27.1.18, 17:00, <u>Link zum Artikel</u>
- Wikipedia.de, „Interferenz (Physik)", 27.1.18, 15:00, <u>Link zum Artikel</u>
- Wikipedia.de, „Superposition", 27.1.18, 17:30, <u>Link zum Artikel</u>

5.2

- Wikipedia.de, „Michelson-Interferometer", 28.1.18, 15:00, <u>Link zum Artikel</u>
- Wikipedia.de, „Interferometrie", 28.1.18, 14:00, <u>Link zum Artikel</u>
- Günter Spanner, „Das Geheimnis der Gravitationswellen", Kosmos, S.85/96

BEI GRIN MACHT SICH IHR WISSEN BEZAHLT

- Wir veröffentlichen Ihre Hausarbeit, Bachelor- und Masterarbeit

- Ihr eigenes eBook und Buch - weltweit in allen wichtigen Shops

- Verdienen Sie an jedem Verkauf

Jetzt bei www.GRIN.com hochladen und kostenlos publizieren